独喜·建筑

檐曦

浙江摄影出版社·编

浙江摄影出版社
全国百佳图书出版单位

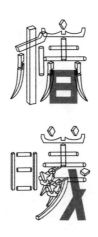

责任编辑：王梁裕子
装帧设计：徐　爽　杨　喆
责任校对：高余朵
责任印制：汪立峰

图书在版编目（CIP）数据

独喜·建筑．椿曦 / 浙江摄影出版社编．-- 杭州：浙江摄影出版社，2020.8（2021.2 重印）

ISBN 978-7-5514-2583-4

Ⅰ．①独… Ⅱ．①浙… Ⅲ．①古建筑－中国－摄影集 Ⅳ．① TU-092.2

中国版本图书馆 CIP 数据核字（2020）第 118905 号

CHUN XI
椿曦
独喜·建筑
浙江摄影出版社　编

全国百佳图书出版单位
浙江摄影出版社出版发行
地址：杭州市体育场路 347 号
邮编：310006
电话：0571-85151082
网址：www.photo.zjcb.com
制版：浙江新华图文制作有限公司
印刷：浙江海虹彩色印务有限公司
开本：889mm × 1194mm　1/32
印张：6
2020 年 8 月第 1 版　2021 年 2 月第 2 次印刷
ISBN 978-7-5514-2583-4
定价：48.00 元

注：本手账选用插图均为中国建筑史学的先行者们在建筑调查、研究及教学过程中绘制的。图稿中含有繁体字、英文等内容，部分建筑物、建筑构件等名称以及建筑物所在地的辖区归属因时代更迭与现今有所不同。为保留图稿的历史、学术、艺术价值，在此尊重原作不作修改。部分图稿因年代久远墨迹模糊，特此说明。

中国古代建筑历史悠久，散布区域辽阔，不同民族由于地理环境、文化艺术传统、宗教信仰的差异，建筑风格迥异。大到一城一市，小到一宅一园，历经千年技术传承和文化积淀，最终形成了独具特色的中国古代建筑文明。这些建筑工程设计上充满了中国元素，不仅是中华文化的体现，也是艺术的大宗遗产，是中国智慧及中国审美的表现载体。

1929 年，中国营造学社成立。在朱启钤先生的领导与梁思成、刘敦桢等学者的鼎力支持下，学社开创性地引入现代学术方法，对中国古代营造文献与建筑遗构进行系统整理与研究，这是中国建筑史学与历史建筑保护事业发展的里程碑。

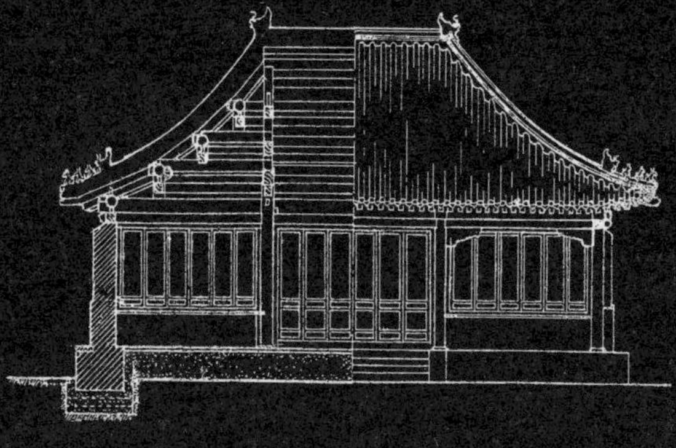

谨以此纪念中国建筑史学的先行者们对于建筑文化遗产保护事业的开拓之功。

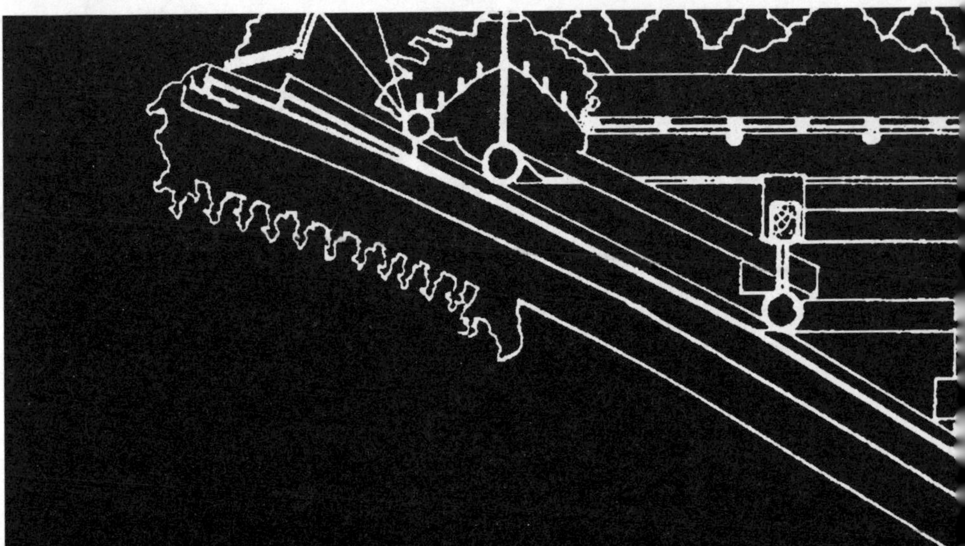

脊兽是中国古代建筑中装饰于屋脊的兽形构件，充当着稳固和美化建筑的角色。脊兽以仙人为首，身后是一干小兽，小兽的数目则根据各建筑规模和等级的不同有所变化，依次有龙、凤、狮子、天马、海马、狻猊、押鱼、獬豸、斗牛、行什。十只小兽每一只都肩负着不同的职责：或与云雨有关，寓意驱除火灾；或生双翅，寓意通天入地；或威武凶猛，寓意守正辟邪。

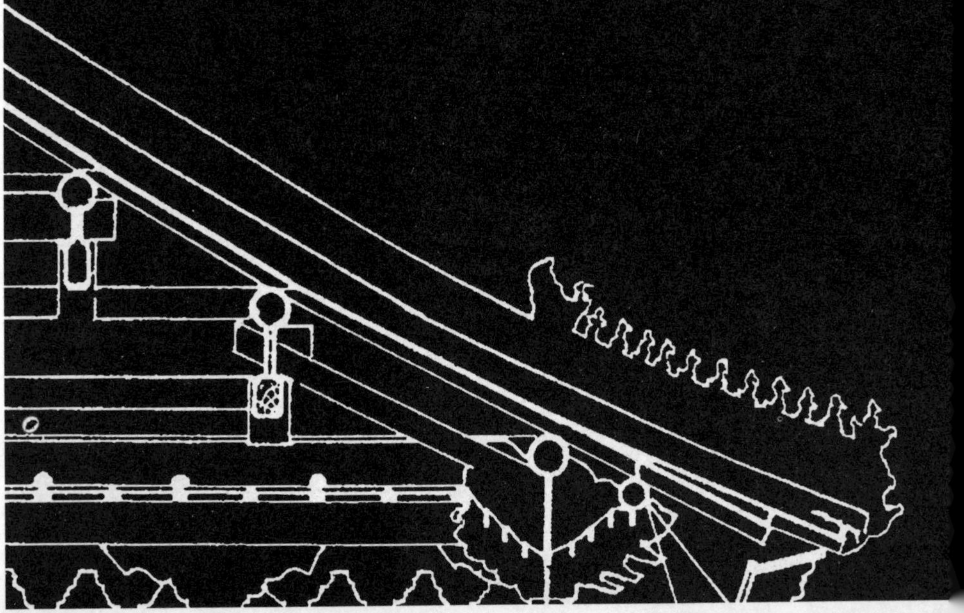

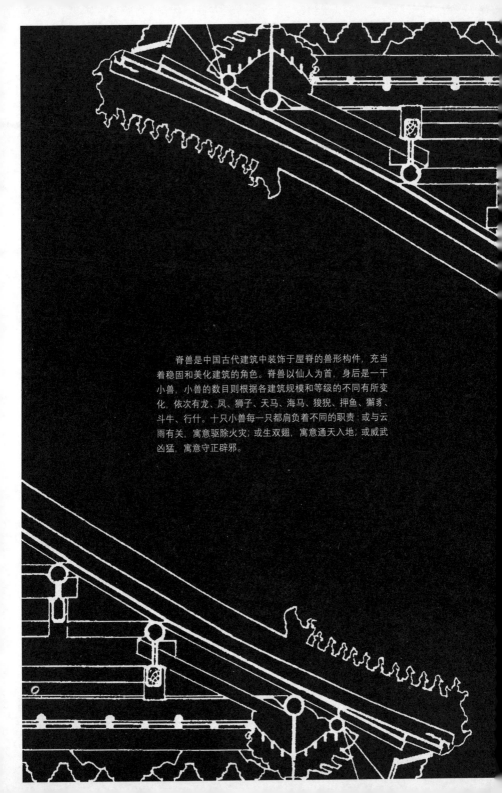

脊历

一月

xiān rén
仙人

SUN	MON	TUE

WED	THU	FRI	SAT

二月

lóng
龙

SUN	MON	TUE
		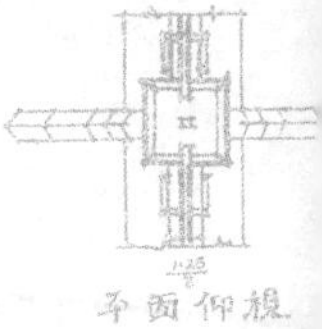

WED	THU	FRI	SAT
		 側面	

三月

fèng
凤

SUN	MON	TUE

WED	THU	FRI	SAT

四月

shī zi
狮子

SUN	MON	TUE

WED	THU	FRI	SAT

五月

tiān mǎ
天 马

SUN	MON	TUE

WED	THU	FRI	SAT

六月

hǎi mǎ
海马

SUN	MON	TUE
		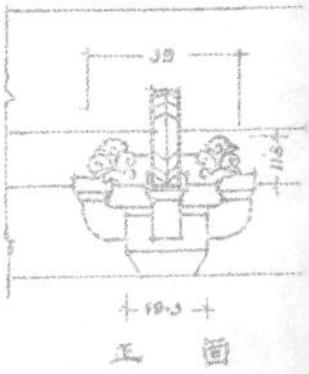

WED	THU	FRI	SAT
			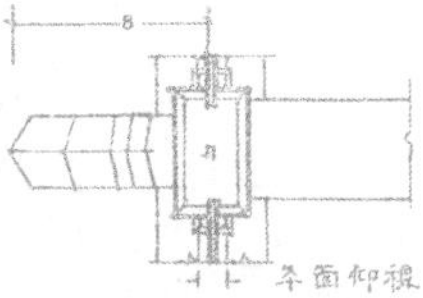 斗面仰視
		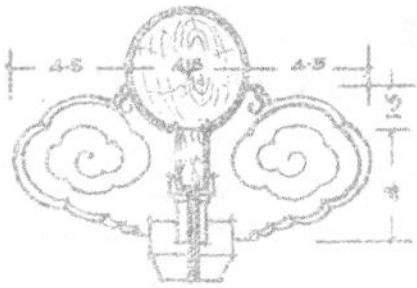 側面	

七月

suān ní
狻猊

SUN	MON	TUE

WED	THU	FRI	SAT

八月

yā yú
押鱼

SUN	MON	TUE

WED	THU	FRI	SAT

九月

xiè zhì
獬豸

SUN	MON	TUE

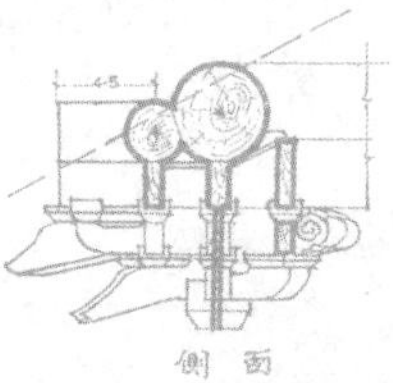

WED	THU	FRI	SAT
	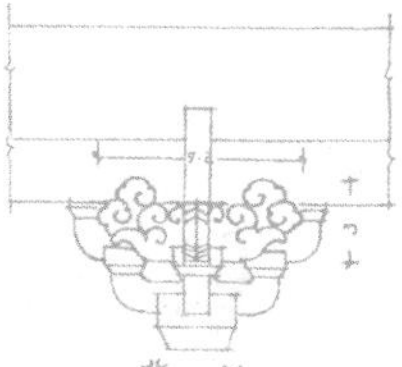 背面		
			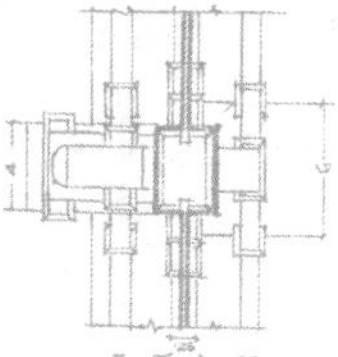 平面仰視

十月

dǒu niú
斗牛

SUN	MON	TUE

WED	THU	FRI	SAT

十一月

háng shí
行什

SUN	MON	TUE

WED	THU	FRI	SAT

十二月

qiàng shòu
戗兽

SUN	MON	TUE

WED	THU	FRI	SAT

斗拱

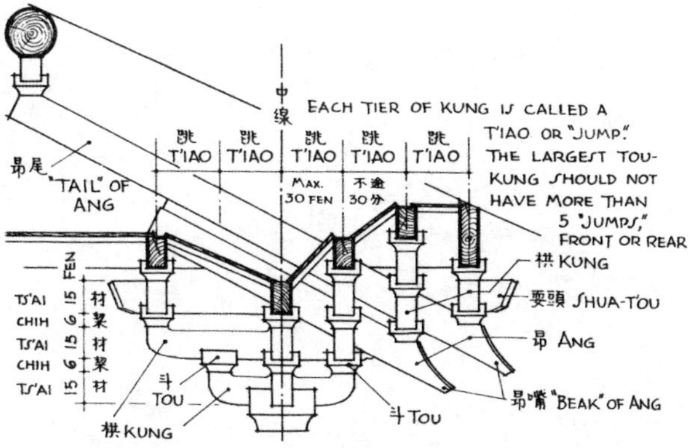
中線
EACH TIER OF KUNG IS CALLED A T'IAO OR "JUMP." THE LARGEST TOU-KUNG SHOULD NOT HAVE MORE THAN 5 "JUMPS," FRONT OR REAR
跳 T'IAO
跳 T'IAO
跳 T'IAO
跳 T'IAO
跳 T'IAO
MAX. 30 FEN
不逾 30分
昂尾 "TAIL" OF ANG
FEN
TS'AI 15 材
CHIH 6 栔
TS'AI 15 材
CHIH 6 栔
TS'AI 15 材
栱 KUNG
耍頭 SHUA-T'OU
昂 ANG
昂嘴 "BEAK" OF ANG
斗 TOU
斗 TOU
栱 KUNG

斗栱 Tou-kung or Bracket Set

LEGEND

1 飛椽 FEI-CH'UAN, FLYING-RAFTERS
2 檐椽 YEN-CH'UAN, EAVE-RAFTERS
3 撩檐枋 LIAO-YEN-FANG, EAVE-PURLIN
4 羅漢枋 LO-HAN-FANG, TIE
5 柱頭枋 CHU-T'OU-FANG, TIE
6 井口枋 CHING-K'OU-FANG, TIE
7 襯枋頭 CH'EN-FANG-T'OU
8 散斗 SHAN-TOU
9 齊心斗 CH'I-SIN-TOU
10 令栱 LING-KUNG
11 耍頭 SHUA-T'OU
12 交互斗 CHIAO-HU-TOU
13 慢栱 MAN-KUNG
14 瓜子栱 KUA-TZŬ-KUNG
15 泥道栱 NI-TAO-KUNG
16 騎栿栱 CH'I-FU-KUNG
17 昂 ANG
17a 昂嘴 BEAK OF THE ANG
18 華頭子 HUA-T'OU-TZŬ
19 華栱 HUA-KUNG, 抄 CH'AO
20 櫨斗 LU-TOU
21 遮椽版 CHÊ-CH'UAN-PAN, RAFTER-HIDING [BOARD
22 檐栿 BEAM
23 闌額 LINTEL OR ARCHITRAVE
24 柱 COLUMN
24a 柱頭 TOP OF COLUMN
25 櫍 CHIH
26 柱礎 BASE
26a 盆唇 P'EN-CH'UN OR LIP
26b 覆盆 FU-P'EN OR PAN
26c 礎 PLINTH

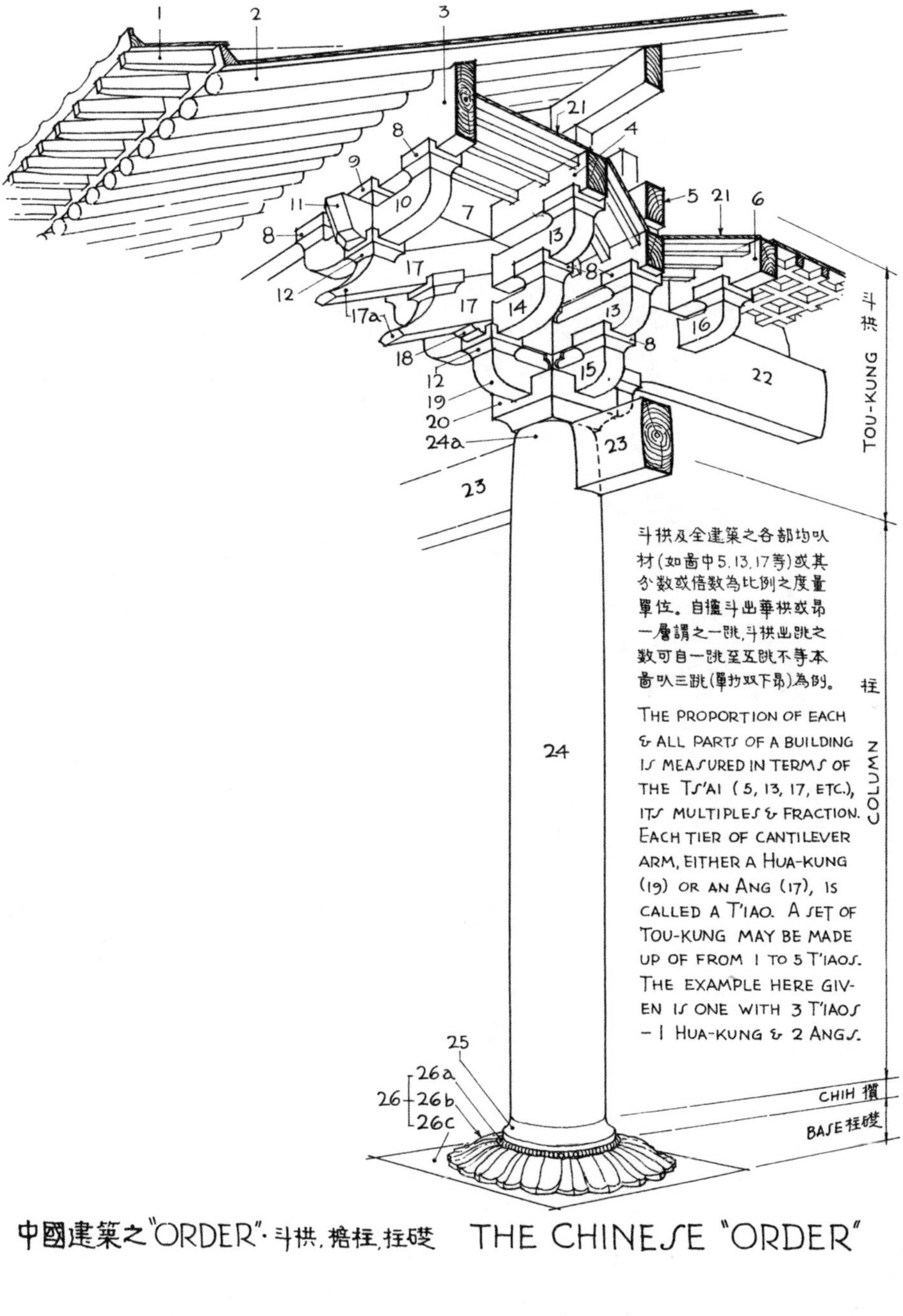
1
2
3
4
5
6
7
8
9
10
11
12
13
14
15
16
17
17a
18
19
20
21
22
23
24
24a
25
26
26a
26b
26c
斗栱 TOU-KUNG
柱 COLUMN
CHIH 櫍
BASE 柱礎
斗栱及全建築之各部均以材(如圖中5.13.17等)或其分数或倍数為比例之度量單位。自櫨斗出華栱或昂一層謂之一跳,斗栱出跳之数可自一跳至五跳不等本圖以三跳(單抄双下昂)為例。
THE PROPORTION OF EACH & ALL PARTS OF A BUILDING IS MEASURED IN TERMS OF THE TS'AI (5, 13, 17, ETC.), ITS MULTIPLES & FRACTION. EACH TIER OF CANTILEVER ARM, EITHER A HUA-KUNG (19) OR AN ANG (17), IS CALLED A T'IAO. A SET OF TOU-KUNG MAY BE MADE UP OF FROM 1 TO 5 T'IAOS. THE EXAMPLE HERE GIVEN IS ONE WITH 3 T'IAOS – 1 HUA-KUNG & 2 ANGS.

中國建築之"ORDER"· 斗栱, 檐柱, 柱礎　THE CHINESE "ORDER"

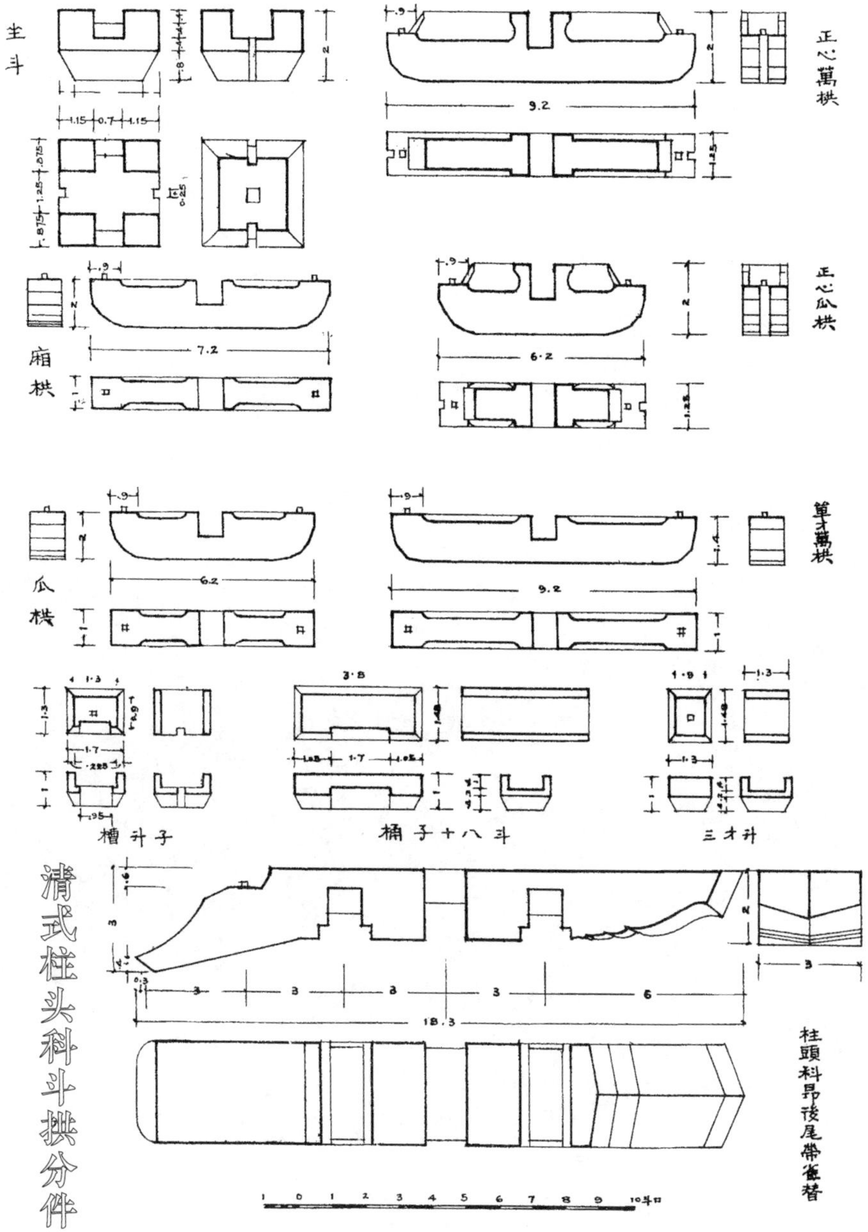

清式柱头科斗拱分件

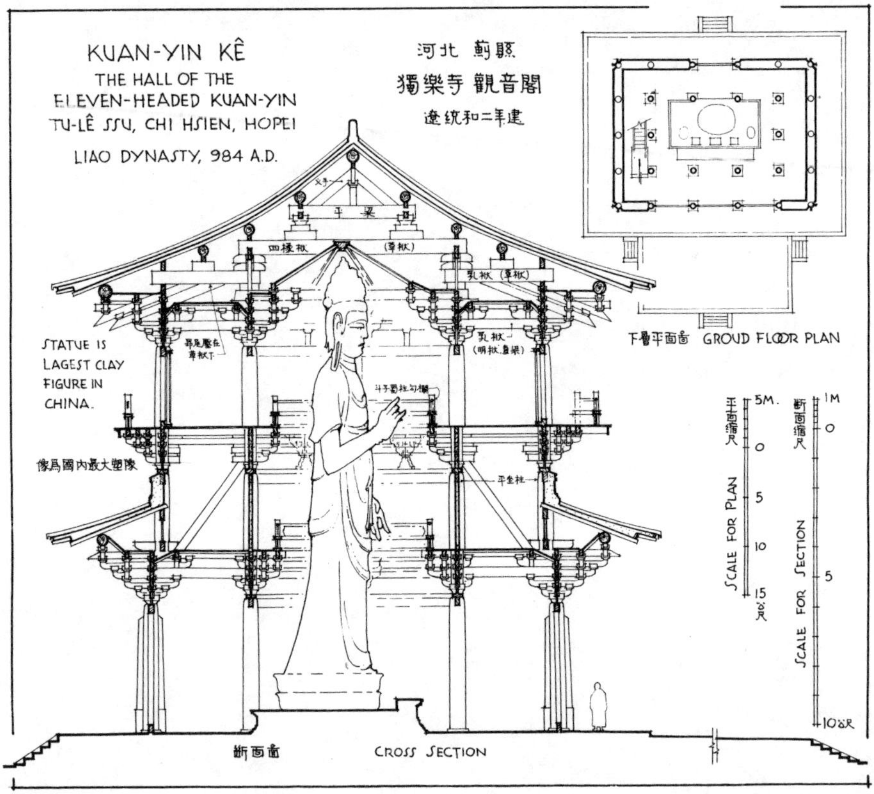
KUAN-YIN KÊ
THE HALL OF THE
ELEVEN-HEADED KUAN-YIN
TU-LÊ SSU, CHI HSIEN, HOPEI
LIAO DYNASTY, 984 A.D.
河北 薊縣
獨樂寺 觀音閣
遼統和二年建
四椽栿
(草栿)
乳栿 (草栿)
STATUE IS
LAGEST CLAY
FIGURE IN
CHINA.
像爲國內最大塑像
下層平面圖 GROUD FLOOR PLAN
SCALE FOR PLAN
SCALE FOR SECTION
5M.
1M
0
5
10
15
0
5
10公尺
斷面圖
CROSS SECTION

河北蓟县（今天津市蓟州区）独乐寺观音阁建于辽统和二年（公元 984 年），其面阔五间、进深四间，外观两层，中间有腰檐和暗层，内部实为三层，上覆单檐歇山顶。阁中置一座高约 16 米的辽塑十一面观音像，造型精美、气势巍然，是我国现存最高的古代泥塑立像。

材栔

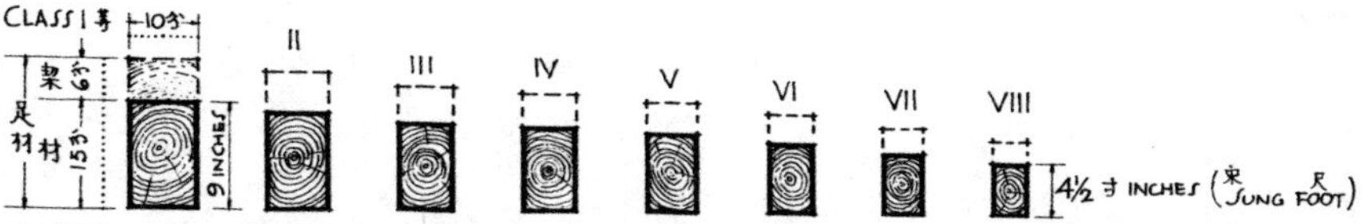

材,栔,分 造屋之制,以材為祖。材有八等,度屋之大小因而用之。各以其材之廣(高)分為十五分,以十分為厚。凡屋宇之高深,名物之短長,曲直舉折之勢,繩墨之宜,皆以所用材之"分"以為制度焉。

TS'AI, CHIH & FEN: TS'AI, THE STANDARD TIMBER FOR ALL CONSTRUCTION, IS GRADED INTO 8 CLASSES. THE DEPTH OF EACH TS'AI IS DEVIDED INTO 15 FENS; 10 FENS GIVES THICKNESS OF TS'AI. THE PROPORTION OF EVERY PART OF THE BUILDING IS THUS MEASURED IN TERMS OF THE FEN.

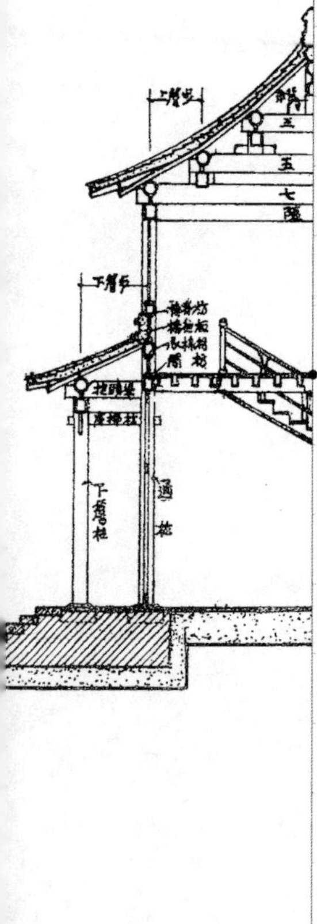
上檐出
三
五
七
下檐出
承椽枋
抱头梁
穿插枋
下檐柱
通柱

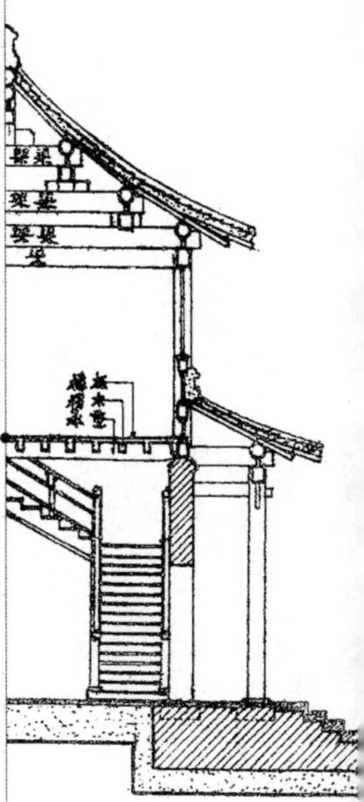

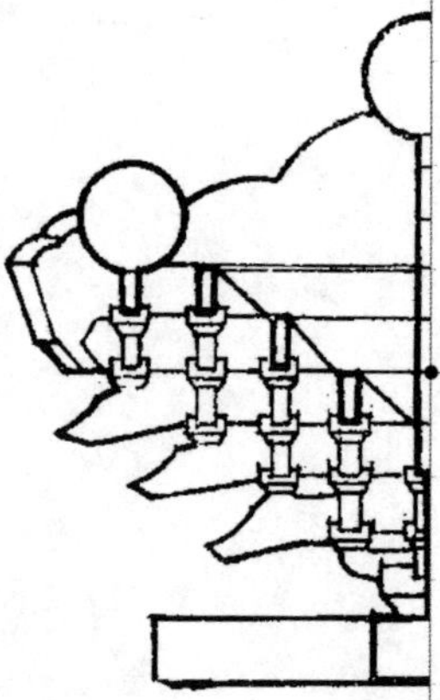

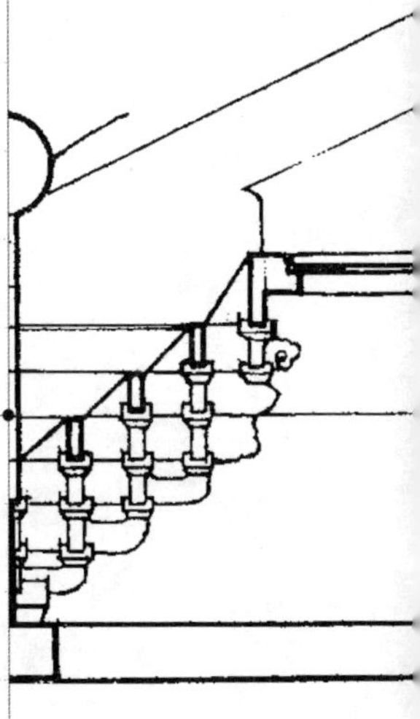

山西应县佛宫寺释迦塔（又名应县木塔）建于辽清宁二年（公元 1056 年），塔高约 67 米，塔平面呈八边形，外观为五层六檐（底层为双檐），内部有九层（五明四暗）。整座建筑共有不同组合形式的斗拱五十余种，是木造高塔建筑的杰出代表。

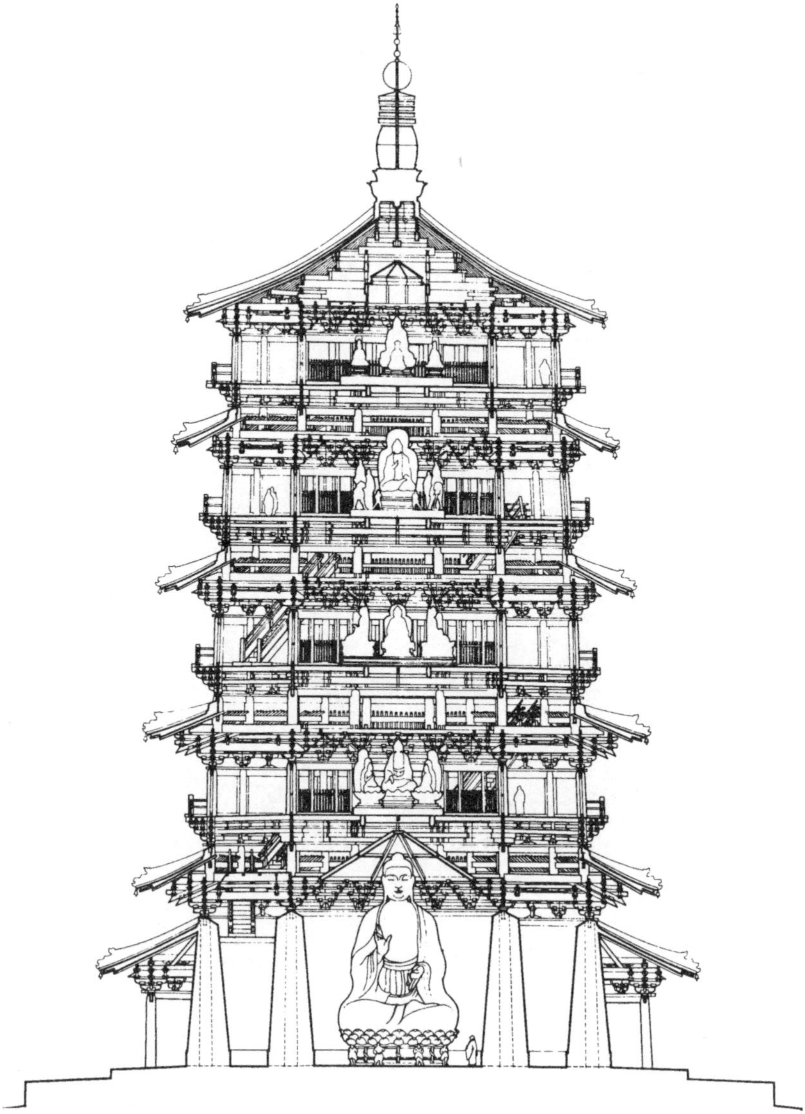

山西应县佛宫寺释迦塔剖面图

梁

梁 BEAM

梁有直梁月梁二種。月梁梁首以六辧卷殺，依跳数畱斜項，梁底顱起。 2 TYPES OF BEAMS:

STRAIGHT BEAM & "CRESCENT BEAM"

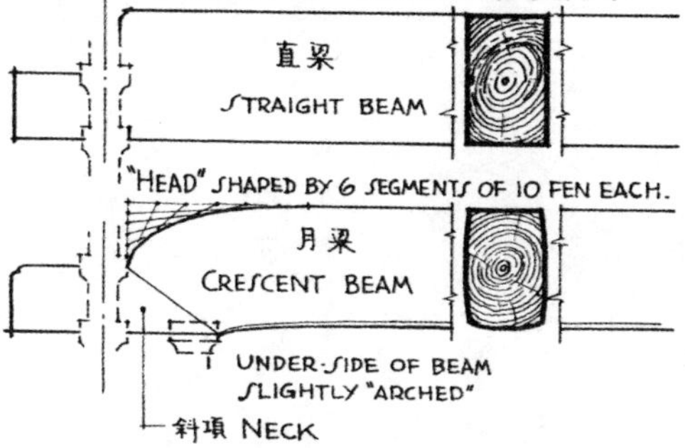
直梁
STRAIGHT BEAM
"HEAD" SHAPED BY 6 SEGMENTS OF 10 FEN EACH.
月梁
CRESCENT BEAM
UNDER-SIDE OF BEAM
SLIGHTLY "ARCHED"
斜項 NECK

30 20 10

10 20 30

30 20 10

10 20 30

30 20 10

10 20 30

30 20 10

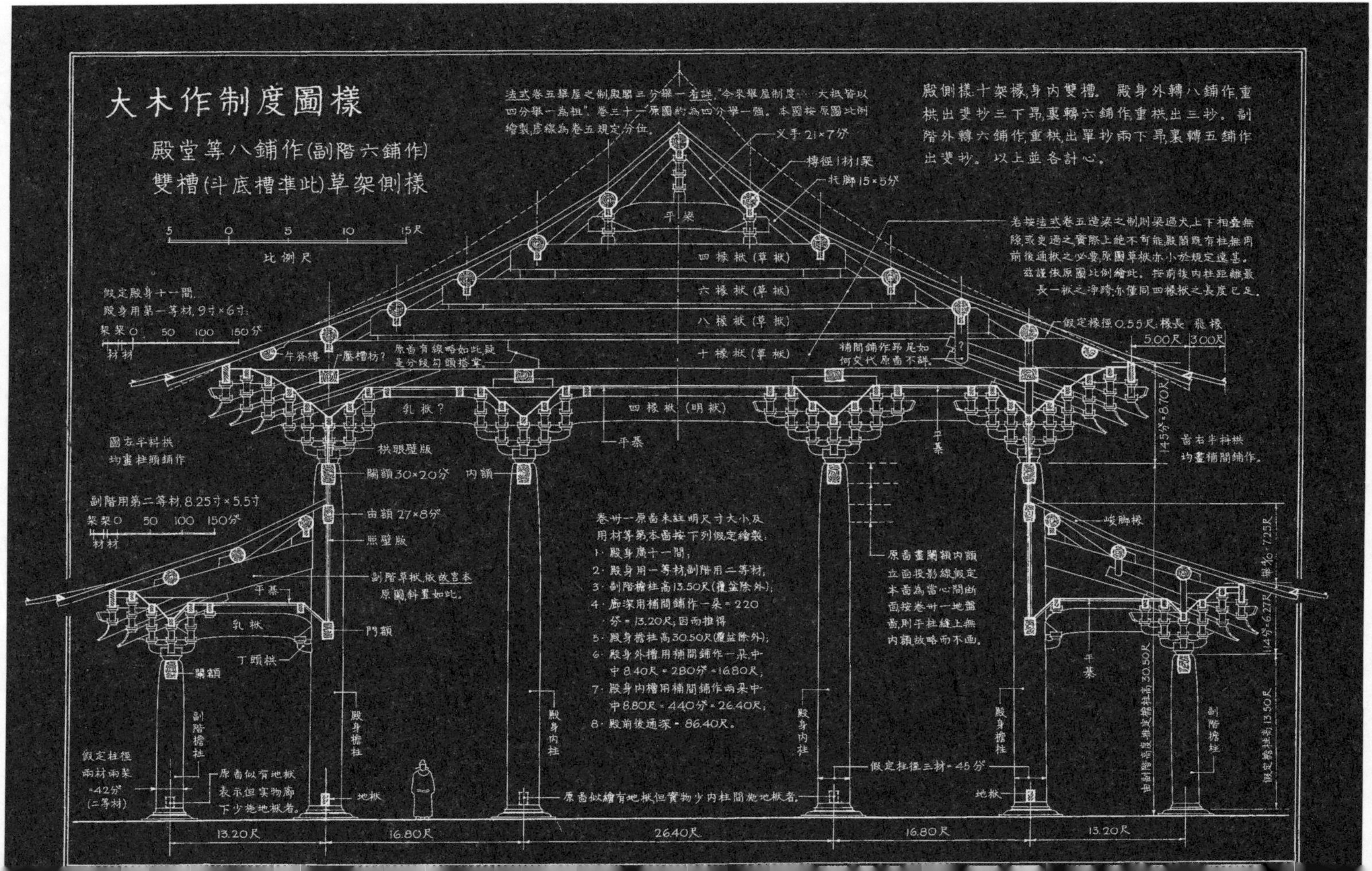
大木作制度圖樣
殿堂等八鋪作(副階六鋪作)
雙槽(斗底槽準此)草架側樣
5 0 5 10 15尺
比例尺
法式卷五舉屋之制殿閣三分舉一查詳"今來舉屋制度……大抵皆以四分舉一為祖"。卷三十一原圖約為四分舉一強。本圖按原圖比例繪製,虛線為卷五規定分位。
殿側樣十架椽,身內雙槽。殿身外轉八鋪作,重栱出雙抄三下昂,裏轉六鋪作重栱出三抄。副階外轉六鋪作,重栱,出單抄兩下昂,裏轉五鋪作出雙抄。以上並各計心。
叉手 21×7分
槫徑1材1栔
托腳 15×5分
平梁
四椽栿(草栿)
六椽栿(草栿)
八椽栿(草栿)
十椽栿(草栿)
卷按法式卷五造梁之制則梁過大,上下相疊無隙,或更過之,實際上絕不可能。殿閣既有柱,無用前後通栿之必要,原圖草栿亦小於規定遠甚。茲謹依原圖比例繪此。按前後內柱距離最長一栿之淨跨,亦僅同四椽栿之長度已足。
假定殿身十一間.
殿身用第一等材,9寸×6寸.
栔 栔 0 50 100 150分
材 材
牛脊槫
壓槽枋?
原圖有線略如此,疑是分段勾頭搭掌。
補間鋪作昂尾如何交代,原圖不詳。
假定椽徑 0.55尺,椽長 飛椽
5.00尺 3.00尺
乳栿?
四椽栿(明栿)
平棊
145分=8.70尺
圖左半科栱均畫柱頭鋪作
圖右半科栱均畫補間鋪作。
栱眼壁版
闌額 30×20分
內額
副階用第二等材,8.25寸×5.5寸
栔 栔 0 50 100 150分
材 材
由額 27×8分
照壁版
副階草栿依故宮本原圖斜置如此。
平棊
乳栿
門額
丁頭栱
闌額
卷卅一原圖未註明尺寸大小及用材等第,本圖按下列假定繪製:
1. 殿身廣十一間;
2. 殿身用一等材,副階用二等材;
3. 副階檐柱高13.50尺(櫍盆除外);
4. 廊深用補間鋪作一朵=220分=13.20尺,因而推得
5. 殿身檐柱高30.50尺(櫍盆除外);
6. 殿身外槽用補間鋪作一朵,中中8.40尺=280分=16.80尺;
7. 殿身內槽用補間鋪作兩朵,中中8.80尺=440分=26.40尺;
8. 殿前後通深=86.40尺。
原圖畫闌額內額立面投影線,假定本圖為當心間斷面,按卷卅一地盤圖,則平柱縫上無內額,故略而不畫。
峻腳椽
舉¾0=7.25尺
114分=6.27尺
平棊
由副階高度推定檐柱高 30.50尺
假定檐柱高 13.50尺
副階檐柱
殿身檐柱
殿身內柱
殿身內柱
殿身檐柱
副階檐柱
假定柱徑兩材兩栔=42分(二等材)
原圖似有地栿表示但實物廊下少施地栿者。
地栿
原圖似繪有地栿但實物少內柱間施地栿者。
假定柱徑三材=45分
地栿
13.20尺
16.80尺
26.40尺
16.80尺
13.20尺

石作制度圖樣五

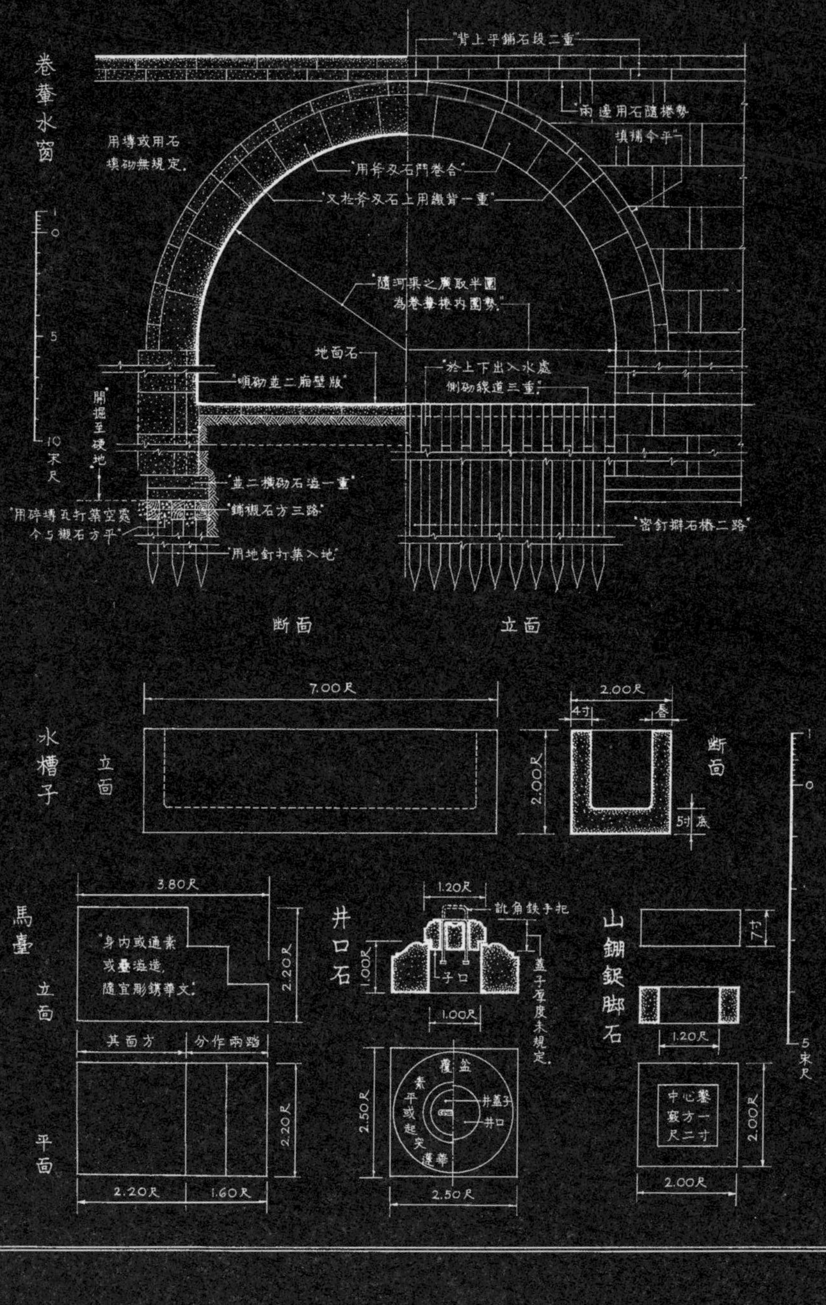

卷輂水窗
"背上平鋪石段二重"
"兩邊用石隨棬勢
填補令平"
用塼或用石
填砌無規定。
"用斧刄石鬥卷合"
"又於斧刄石上用繳背一重"
"隨河渠之廣取半圜
為卷輂棬內圜勢"
地面石
"順砌並二廂壁版"
"於上下出入水處
側砌線道三重"
開掘至硬地
"並二橫砌石造一重"
"鋪襯石方三路"
"用碎塼瓦打築空處
令與襯石方平"
"用地釘打築入地"
"密釘擗石樁二路"
断面
立面
水槽子
立面
7.00尺
2.00尺
2.00尺
4寸
唇
断面
5寸底
馬臺
立面
"身內或通素
或疊澀造，
隨宜彫鐫華文"
3.80尺
2.20尺
其面方
分作兩踏
平面
2.20尺
2.20尺
1.60尺
井口石
1.20尺
訛角鉄手把
1.00尺
子口
蓋子厚度未規定。
1.00尺
覆盆
素平或起突達華
井蓋子
井口
2.50尺
2.50尺
山棚鋜脚石
7寸
1.20尺
中心鑿竅方一尺二寸
2.00尺
2.00尺

10 20 30

30 20 10

10 20 30

30 20 10

10 20 30

30 20 10

10 20 30

河北正定縣 龍興寺

轉輪藏殿 宋建

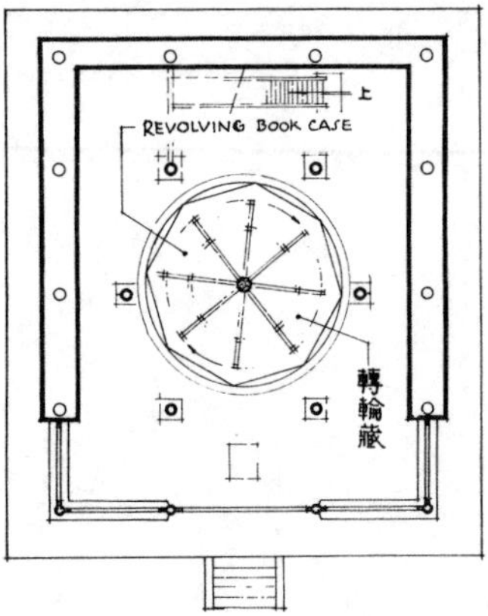

上
REVOLVING BOOK CASE
轉輪藏

平面图 GROUND FLOOR PLAN

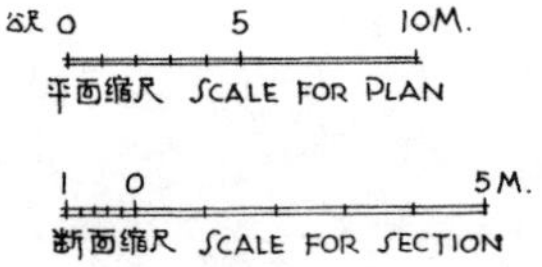

公尺 0 5 10M.
平面缩尺 SCALE FOR PLAN
1 0 5M.
断面缩尺 SCALE FOR SECTION

河北正定县龙兴寺（后改名为隆兴寺）始建于隋代。其中的转轮藏殿建于北宋，它的梁架结构十分特殊，楼阁下层由于转轮藏的安置，采用了移柱造及曲梁的做法，这在我国古建筑中极为罕见。阁内的转轮藏是一个八角形的旋转书架，中间设有立轴，下檐八角，上檐圆形，两檐都采用了复杂的斗拱，是典型的宋《营造法式》做法。

LIBRARY BUILDING, LUNG-HSING SSU, CHENG-TING, HOPEI

NORTH SUNG DYNASTY

960-1127.

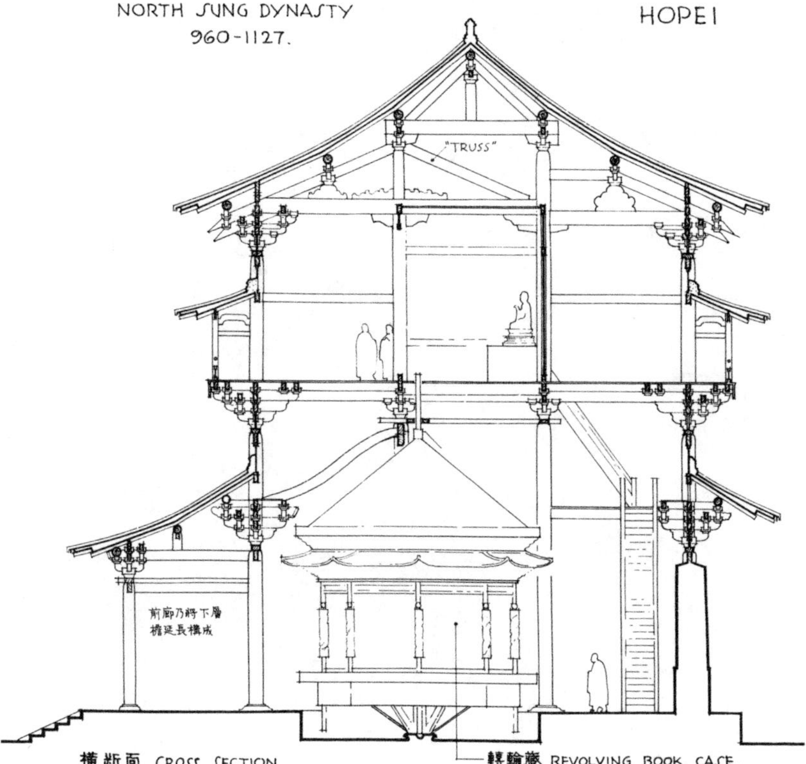
"TRUSS"
前廊乃將下層
檐延長構成
轉輪藏 REVOLVING BOOK CASE.

横断面 CROSS SECTION

举折

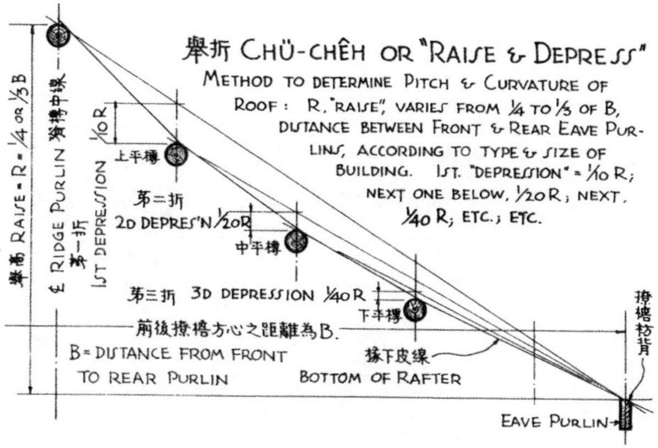
舉折 CHÜ-CHÊH OR "RAISE & DEPRESS"
METHOD TO DETERMINE PITCH & CURVATURE OF ROOF: R, "RAISE", VARIES FROM 1/4 TO 1/3 OF B, DISTANCE BETWEEN FRONT & REAR EAVE PURLINS, ACCORDING TO TYPE & SIZE OF BUILDING. 1ST. "DEPRESSION" = 1/10 R; NEXT ONE BELOW, 1/20 R; NEXT, 1/40 R; ETC.; ETC.
舉高 RAISE = R = 1/4 OR 1/3 B
℄ RIDGE PURLIN 脊檁中線
第一折
1ST DEPRESSION 1/10 R
上平槫
第二折
2D DEPRES'N 1/20 R
中平槫
第三折 3D DEPRESSION 1/40 R
下平槫
前後撩檐方心之距離為B.
B = DISTANCE FROM FRONT TO REAR PURLIN
椽下皮線
BOTTOM OF RAFTER
撩檐枋背
EAVE PURLIN

30 20 10

10 20 30

30 20 10

10 20 30

30 20 10

10 20 30

工程做法則例中所規定的斗栱比例(以斗口為單位)表列如下並註宋式名称以資比較。

名件		長	寬	高	券殺法	附註
櫨斗		32分	32分	20分		
斗耳				8分		
斗平				4分		
斗欹				8分	底面各殺四分欹䫜一分	
斗開口			10分	8分		同耳高
交互斗		18分	16分	10分	耳高四分平高二分欹高四分	
齊心斗		16分	16分	10分	底四面各殺二分欹䫜半分	
散斗		16分	14分	10分	開口高同耳	
華栱		第一層72分	10分	21分		
泥道栱		62分	10分	21分	四瓣每瓣長三分半	
瓜子栱		62分	10分	15分	四瓣每瓣長四分	
令栱		72分	10分	15分	五瓣每瓣長四分	
慢栱		92分	10分	15分		
昂		按跳數斜長	10分	15分		
昂尖		自斗底心下取直32分	10分	15分		
耍頭		自斗心出25分	10分	15分		
柱頭方		長隨间	10分	15分		
羅漢方		長隨間	10分	15分		
橑檐方		長隨間	10分	30分		
替木	單斗上用	96分	10分	12分		
	令栱上用	104分	10分	12分		
	重栱上用	126分	10分	12分		

10 20 30

30 20 10

10 20 30

30 20 10

10 20 30

30 20 10

10 20 30

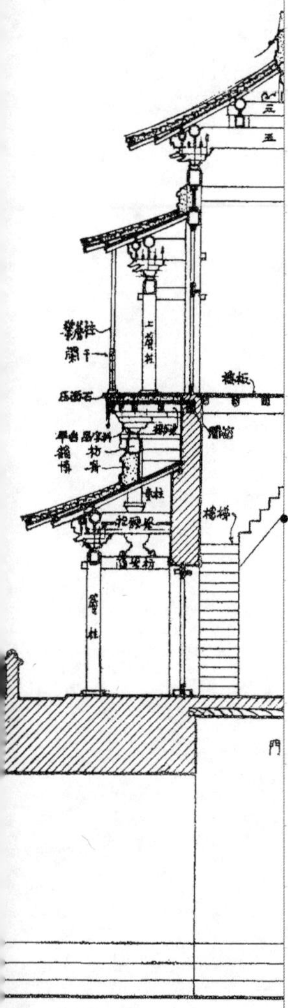
擎檐柱
上檐柱
楼板
压面石
品字科
童柱
楼梯
檐柱
門

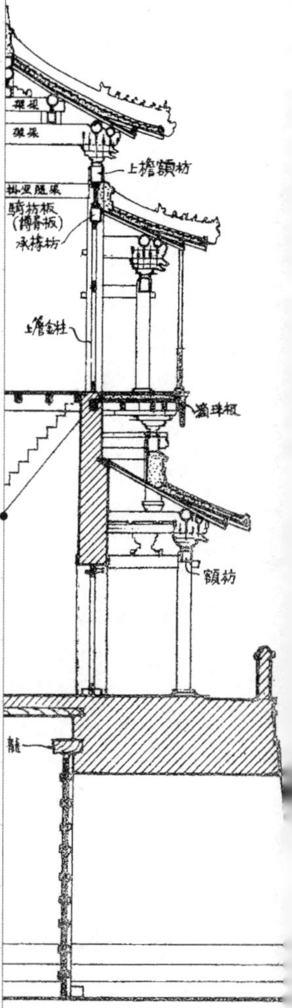

上檐額枋
騎枋板
(博脊板)
承椽枋
上檐金柱
滴珠板
額枋

四川宜賓縣舊州埧白塔

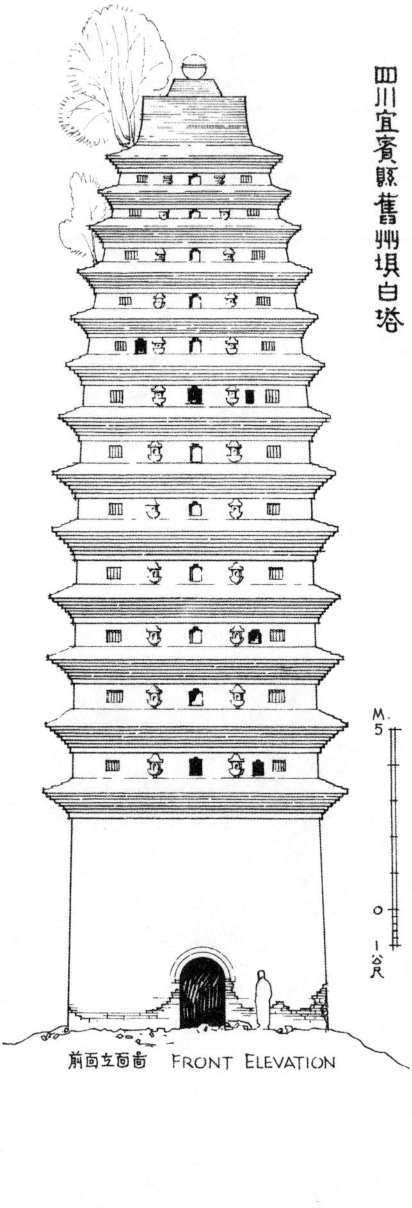

前面立面圖 FRONT ELEVATION

四川宜宾县旧州坝白塔（又名旧州塔）建于北宋崇宁元年至大观三年之间（公元 1102 年至 1109 年），塔平面呈正方形，外观属唐代常见之单层多檐方塔系统，其内设方室五层，有连续的通道和楼梯环绕中心方室盘旋而上，为宋代所常见。

梭柱

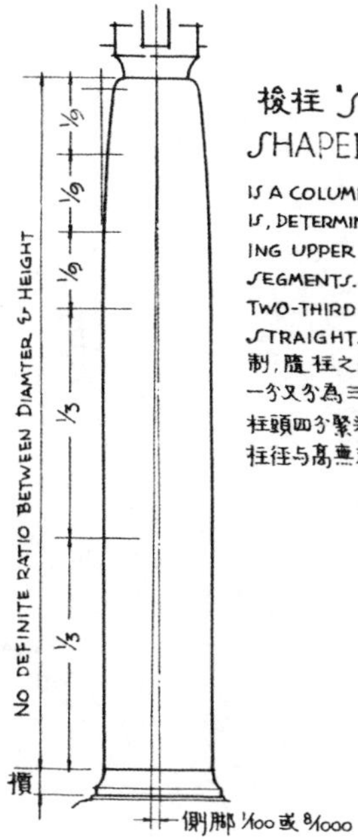
NO DEFINITE RATIO BETWEEN DIAMTER & HEIGHT
1/9
1/9
1/9
1/3
1/3
櫍
側脚 1/100 或 8/1000

梭柱 "SHUTTLE-SHAPED"-COLUMN

IS A COLUMN WITH ENTASIS, DETERMINED BY SHAPING UPPER THIRD WITH 3 SEGMENTS. THE LOWER TWO-THIRD REMAINS STRAIGHT. 殺梭柱之制，隨柱之長，分為三分，上一分又分為三分，如栱卷殺。柱頭四分緊殺如覆盆樣。柱徑与高無規定比例。

RULES FOR STRUCTURAL CARPENTRY ACCORDING TO YING-TSAO-FA-SHIH.

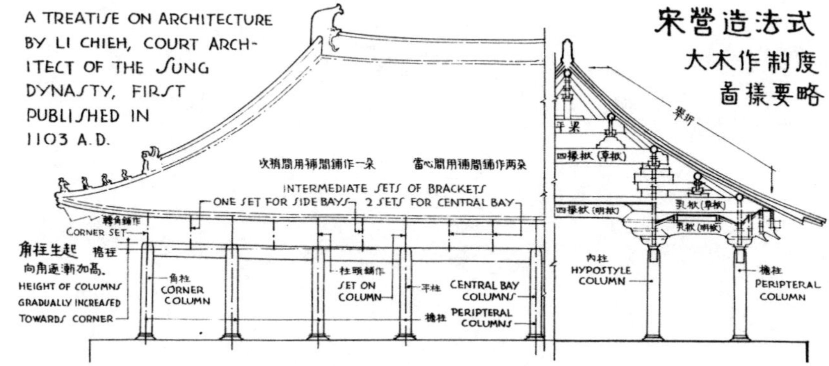
A TREATISE ON ARCHITECTURE BY LI CHIEH, COURT ARCHITECT OF THE SUNG DYNASTY, FIRST PUBLISHED IN 1103 A.D.
宋營造法式
大木作制度
圖樣要略
次稍間用補間鋪作一朵
當心間用補間鋪作兩朵
INTERMEDIATE SETS OF BRACKETS
ONE SET FOR SIDE BAYS
2 SETS FOR CENTRAL BAY
轉角鋪作
CORNER SET
角柱生起
向角逐漸加高。
HEIGHT OF COLUMNS GRADUALLY INCREASED TOWARDS CORNER
檐柱
角柱
CORNER COLUMN
柱頭鋪作
SET ON COLUMN
平柱
CENTRAL BAY COLUMNS
檐柱
PERIPTERAL COLUMNS
舉折
平梁
四椽栿(草栿)
四椽栿(明栿)
乳栿(草栿)
乳栿(明栿)
內柱
HYPOSTYLE COLUMN
檐柱
PERIPTERAL COLUMN

30 20 10

10 20 30

30 20 10

10 20 30

30 20 10

10 20 30

30 20 10

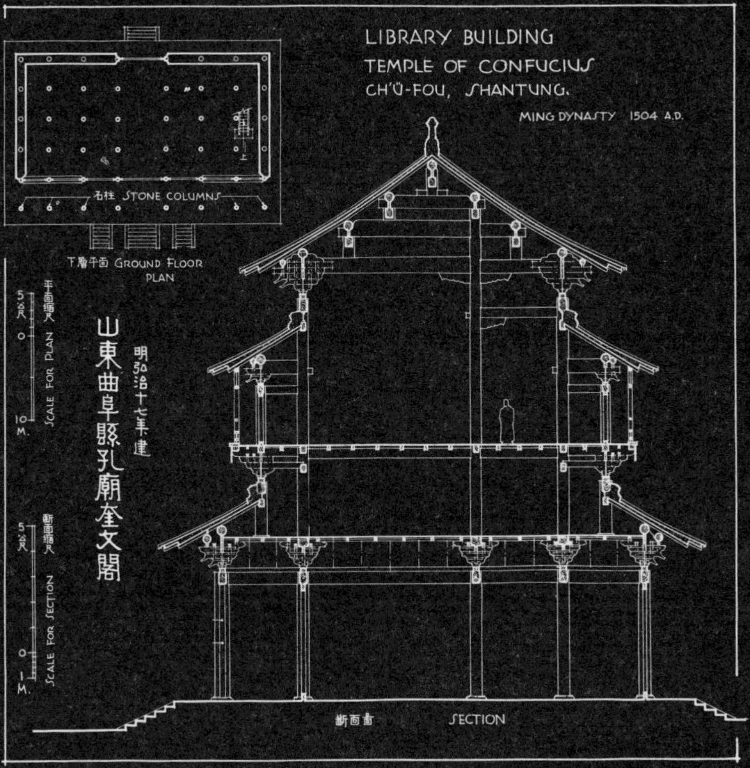

LIBRARY BUILDING
TEMPLE OF CONFUCIUS
CH'Ü-FOU, SHANTUNG.
MING DYNASTY 1504 A.D.
石柱 STONE COLUMNS
下層平面 GROUND FLOOR PLAN
平面縮尺
5公尺
0
10 M.
SCALE FOR PLAN
山東曲阜縣孔廟奎文閣
明弘治十七年建
斷面縮尺
5公尺
0
1 M.
SCALE FOR SECTION
斷面圖 SECTION

山东曲阜县孔庙奎文阁建于明弘治十七年（公元 1504 年），其面阔七间、进深五间，高两层，中夹暗层，三重檐，歇山顶，是明代官式做法中一个引人注目的实例。

10 20 30

30 20 10

10 20 30

30 20 10

10 20 30